英国数学真简单团队/编著　华云鹏 刘舒宁/译

DK儿童数学分级阅读 第二辑

几何与图形

数学真简单！

电子工业出版社·

Publishing House of Electronics Industry

北京·BEIJING

Original Title: Maths—No Problem! Geometry and Shape, Ages 5−7 (Key Stage 1)
Copyright © Maths—No Problem!, 2022
A Penguin Random House Company

版权贸易合同登记号　图字：01-2024-1630

图书在版编目（CIP）数据

DK儿童数学分级阅读. 第二辑. 几何与图形 / 英国数学真简单团队编著；华云鹏，刘舒宁译. −−北京：电子工业出版社，2024.5
ISBN 978−7−121−47659−4

Ⅰ.①D⋯　Ⅱ.①英⋯　②华⋯　③刘⋯　Ⅲ.①数学—儿童读物　Ⅳ.①O1−49

中国国家版本馆CIP数据核字（2024）第070444号

出版社感谢以下作者和顾问：Andy Psarianos, Judy Hornigold, Adam Gifford和Anne Hermanson博士。
已获Colophon Foundry的许可使用Castledown字体。

责任编辑：董子晔
印　　　刷：鸿博昊天科技有限公司
装　　　订：鸿博昊天科技有限公司
出版发行：电子工业出版社
　　　　　北京市海淀区万寿路173信箱　　邮编：100036
开　　本：889×1194　1/16　印张：18　　字数：303千字
版　　次：2024年5月第1版
印　　次：2024年11月第2次印刷
定　　价：128.00元（全6册）

凡所购买电子工业出版社图书有缺损问题，请向购买书店调换。若书店售缺，请与本社发行部联系，联系及邮购电话：（010）88254888，88258888。
质量投诉请发邮件至zlts@phei.com.cn，盗版侵权举报请发邮件至dbqq@phei.com.cn。
本书咨询联系方式：（010）88254161转1865，dongzy@phei.com.cn。

目 录

鲁比　艾略特　阿米拉　查尔斯　露露　萨姆　奥克　霍莉　拉维　艾玛　雅各布　汉娜

边的认识

准 备

这是三角形的一条边。

这些图形分别有多少条边？

举 例

让我们数一数这些图形各有几条边。

1 这是一个三角形。

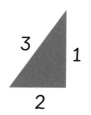

所有三角形都有3条边。

2 这些是长方形。

所有长方形都有4条边。正方形是一种特殊的长方形。

4

1 写一写，下面的图形分别有几条边。

(1)

(2)

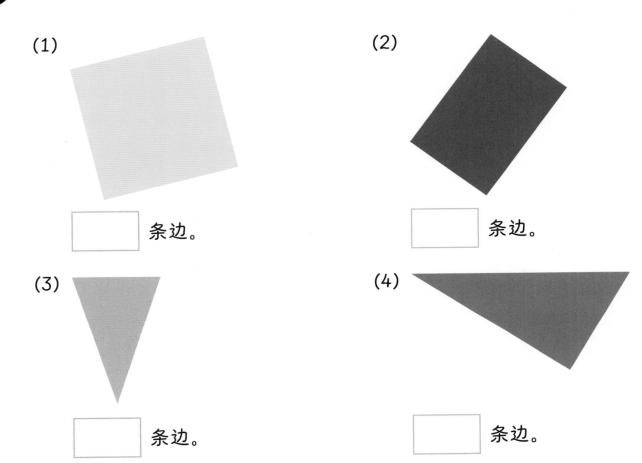

　　　　条边。

　　　　条边。

(3)

(4)

　　　　条边。

　　　　条边。

2 圈出四边形。

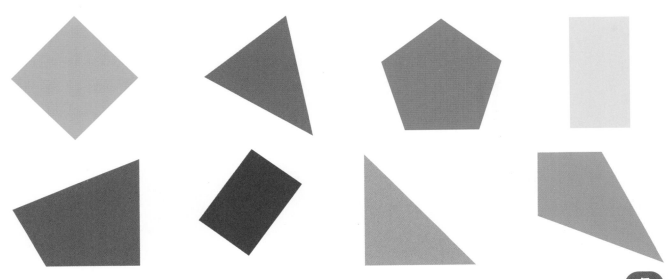

顶点的认识

准 备

如何给这些图形分类？

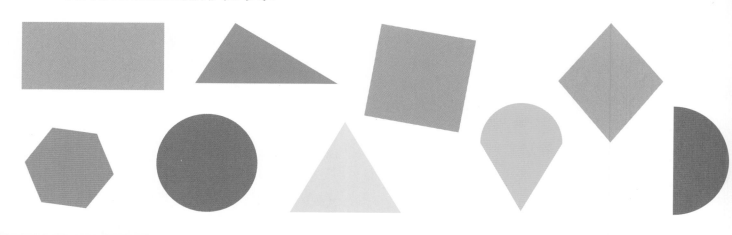

举 例

这些图形都是多边形，多边形的所有边都是直的。

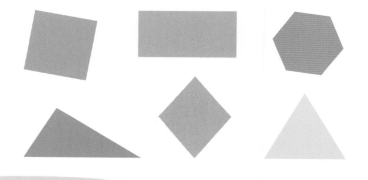

多边形两条边相交的点叫作顶点。

右侧这些图形不是多边形。
在这些图形中，不是所有边都是直的。

圈出以下图形的顶点，并完成表格。

多边形	顶点的个数	边的条数
1 ▽ 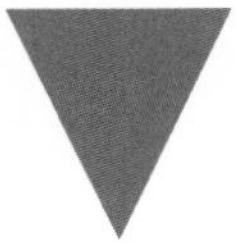		
2 ▱		
3 ⬡		
4 ⬡		
5 ⬠		
6 ⬣		
7 ▪ 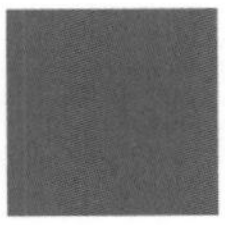		
8 ◣ 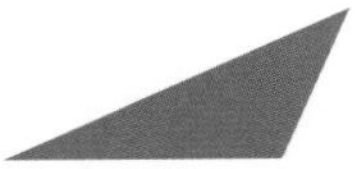		

对称轴的认识

准 备

试着将这些图形对折，对折的两部分能完全重合吗？

举 例

将正方形像这样对折，对折的两部分能完全重合。

还可以将正方形像这样对折，对折的两部分也能完全重合。

我们称正方形为轴对称图形。

对称轴

这条折线叫作对称轴。

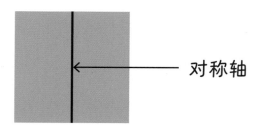

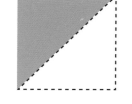

这个图形不能折叠成完全重合的两部分，因为它没有对称轴。

以下图形是不是轴对称图形？是的打√，不是打×。

图形	是否是轴对称图形？
1 ⬤（圆）	
2 （梯形）	
3 （心形）	
4 （平行四边形）	
5 （L形）	
6 （箭头多边形）	
7 （半圆形）	
8 （三角形）	

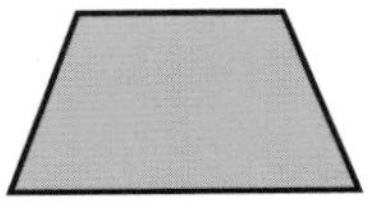

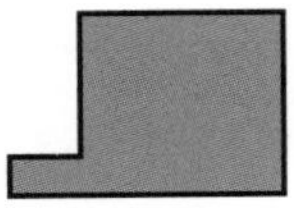

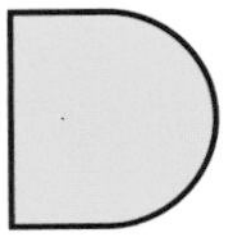

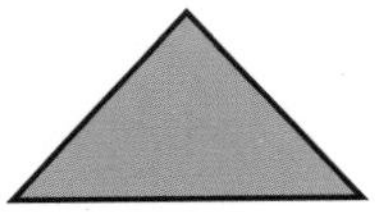

组成图形

准 备

用下列图形中的3个能拼成一个轴对称图形吗？

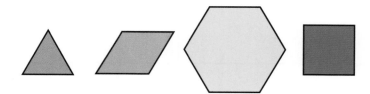

举 例

我拼成了这个图形，但它不是轴对称图形，因为它没有对称轴。

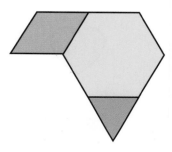

我拼成了这个图形，它是轴对称图形，有一条对称轴。

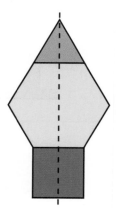

我拼成了这个图形，它也是轴对称图形。

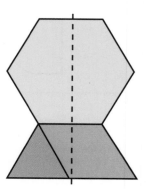

练 习

1 画出两个轴对称图形并画出对称轴。

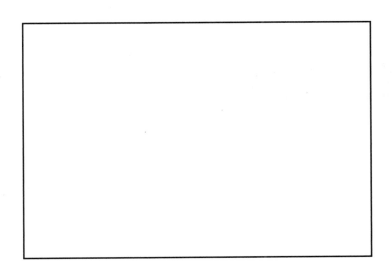

2 用 ■ ▲ 和 ╱ 拼出两个图形：一个轴对称图形，一个非轴对称图形。

3 将轴对称图形圈出来并画上对称轴。

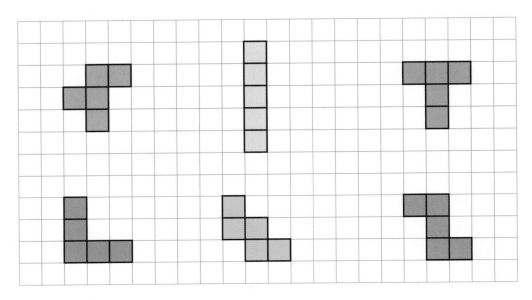

图形的分类

准备

如何给这些图形分类？

举例

多边形	非多边形

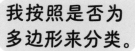

我按照是否为多边形来分类。

3条边	4条边及以上

我按照边的数量来分类。

轴对称	非轴对称

我按照是否轴对称来分类。

看一看。

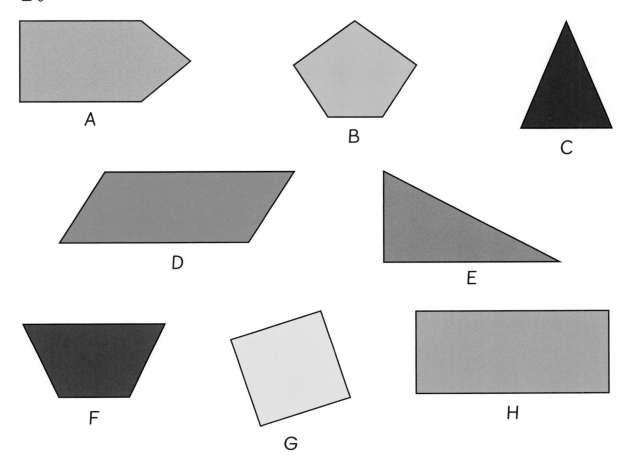

① 按照顶点数量给这些图形分类。

3个顶点	4个顶点	5个顶点

② 按照对称轴数量给这些图形分类。

无对称轴	一条对称轴	不止一条对称轴

绘制图形

准 备

在右侧方格中可以画出
什么样的图形？

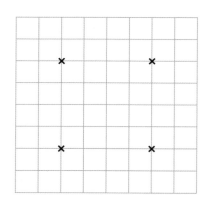

举 例

将图中的四个叉号连起来。

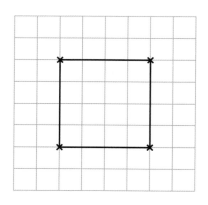

这个图形有4条边和4个顶点，且所有边的长度都相等，这是一个正方形。
在方格内，还可以画出其他图形。

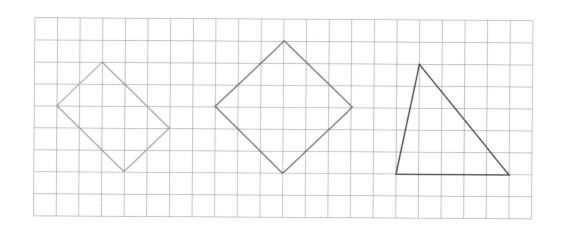

1 按照参考图，在方格纸上画出相同的图形。

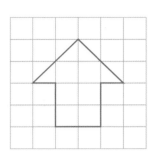
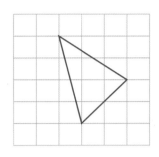
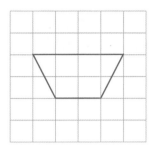

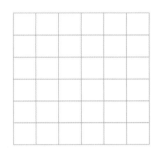
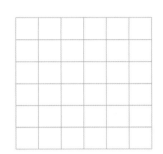
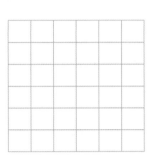

2 在方格纸上画出一个长方形和一个轴对称的三角形。

图形排列规律（一）

准 备

用这三个图形能完成什么样的排列组合？

举 例

1 画出了这个排列组合。

 画出了这个排列组合。

2 下面是其他的排列组合。

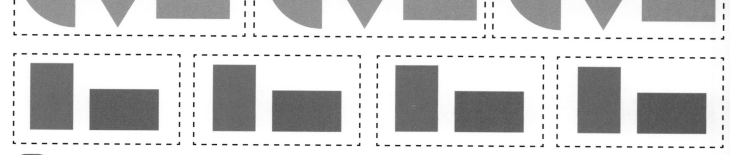

1 用右侧图形画出不同的排列组合。

2 找规律，画出缺失的图形。

(1)

(2)

(3)

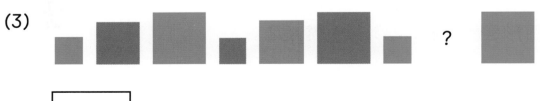

排列组合规律的描述

准 备

如何描述这一排列组合的规律？

举 例

第1个　第2个　第3个　第4个　第5个　第6个

这个排列组合用了3个不同的图形。

第1个图形是一个蓝色三角形。

第2个图形是一个蓝色正方形。

第3个图形是一个蓝色圆形。

> 每3个圆形一组，第3个图形为蓝色圆形。

你知道第9个图形是什么图形吗？第99个呢？

第9个和第99个图形都是 。

第100个图形是组合的第一个图形，也就是 。

1 找规律，画出第12个图形。

(1)

第1个   ...   第12个

(2)

第1个   ...   第12个

2 画出以下排列组合中的第1个图形。

(1)

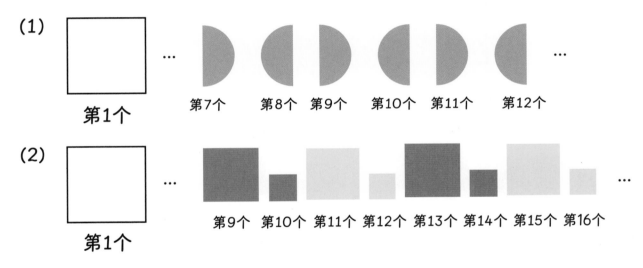

第1个   ...   第7个 第8个 第9个 第10个 第11个 第12个

(2)

第1个   ...   第9个 第10个 第11个 第12个 第13个 第14个 第15个 第16个

3 用以下三个图形排列一组规律。

并让爸爸妈妈想一想，第10个图形会是什么。

图形的平移

准 备

说一说如何将 平移到三角形A和三角形B的位置。

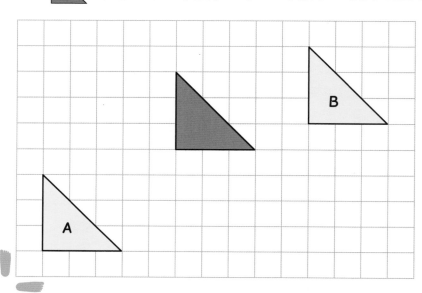

第1步

第2步

举 例

 是这样将 平移到三角形A的位置的。

将 先向左平移5格，再向下平移4格。

先做哪一步对最后的结果有影响吗？

 是这样将 平移到三角形B的位置的。

将 先向右平移5格，再向上平移1格。

20

1 将以下两个图形先向右平移2格，再向下平移1格。

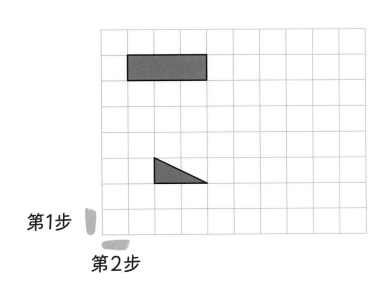

第1步

第2步

2 将以下两个图形先向右平移3格，再向上平移2格。

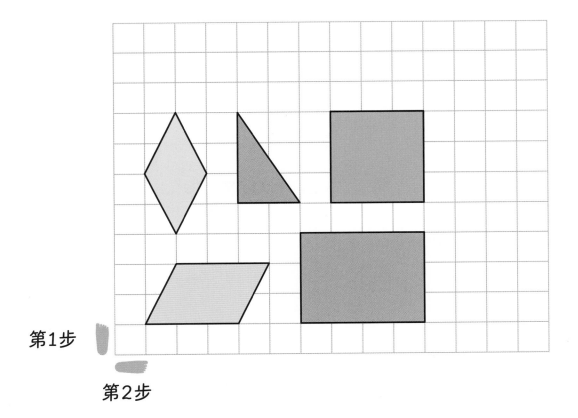

第1步

第2步

图形的旋转

准 备

将  顺时针旋转180°后会得到什么图形？

举 例

将 顺时针旋转180°。

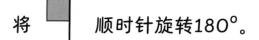

还可以先逆时针旋转90°，顺时针再旋转270°。

将 先逆时针旋转90°， 将 顺时针旋转270°。

1 按要求旋转图形 。

(1) 顺时针旋转90°

(2) 逆时针旋转180°

2 按要求旋转图形 。

(1) 旋转180°

(2) 逆时针旋转270°

平面图形的文字应用题

准 备

多少个 能拼出2个 ⬤ ？

举 例

这是圆形。

这是半圆形。

这是四分之一圆形。

将2个 拼到一起时，可以拼出 。

将2个 拼到一起时，可以拼出  。

4 个能拼成 。

拼出2个圆形需要8个 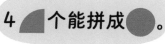 。

1   像这样切下了一块蛋糕。

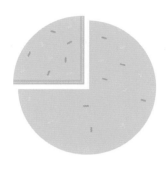

多少人能吃到和这块一样大的蛋糕？

☐ 个人能吃到和这块一样大的蛋糕。

2 分针转动四分之一圈从12指向3后，钟表上的时间是几点？

钟表上的时间是 ☐ 。

3 每个小伙伴都吃 这样一块比萨。想一想，这些比萨
够多少小伙伴吃？

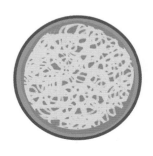 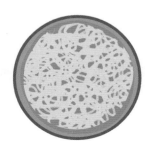 

立体图形的认识

准 备

这些立体图形都是什么？

举 例

这个图形表面是曲面，称为球体。

球体可以滚动，它没有平面。

这是立方体，每个面都是正方形。

这些图形有平面和棱。

这是长方体

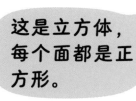

这个图形既有平面也有曲面，它叫作圆柱体。

1 连一连。

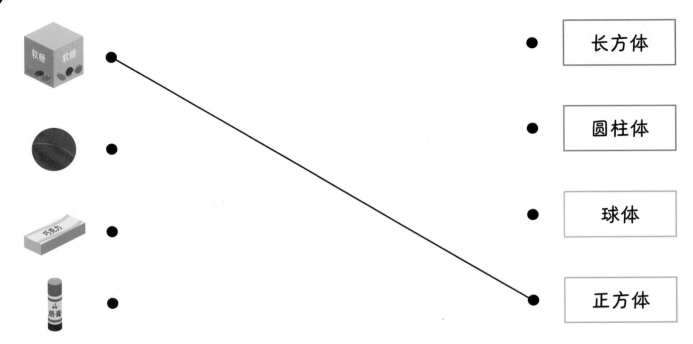

长方体

圆柱体

球体

正方体

2 在家中找找不同的立体图形，填入表格。

物体	图形名称

3 看看以上图形的各个面，是平面还是曲面？填一填。

物体	曲面	平面

立体图形的描述

准 备

如何描述这些立体图形？

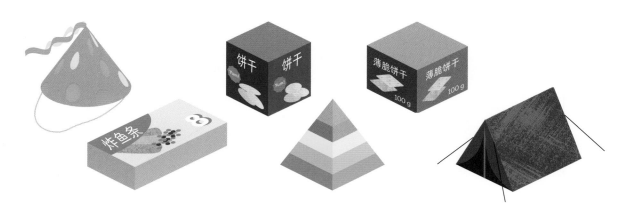

举 例

这顶帽子像一个圆锥体，它有一个平坦的面和一个弯曲的面。

平坦的面叫作平面，弯曲的面叫作曲面。

这个盒子像一个长方体，它有6个面，每个面都是长方形。

这个盒子也是长方体，它既有正方形面也有长方形面。

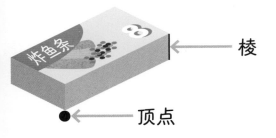

棱

顶点

它有12条棱，8个顶点。

正方体是特殊的长方体。

它有6个面，每个面都是正方形。

它有12条棱，8个顶点。

这是一个四棱锥，它有5个面。

一面是正方形，其余四面都是三角形。

你能说说这个帐篷的形状吗？观察它的各个面，它的形状像三棱柱。

三棱柱有9条棱，6个顶点。

1 连一连。

长方体 ●

三棱柱 ●

正方体 ●

圆柱体 ●

四棱锥 ●

圆锥体 ●

●

● 巧克力

●

● 胶水

●

●

2 看一看，填一填

图形	名称	面数	顶点数	棱数

3 你在家能找到什么样的立体图形？写一写吧。

物体	名称	面数	顶点数	棱数

立体图形的分类

准备

如何给这些立体图形分类？

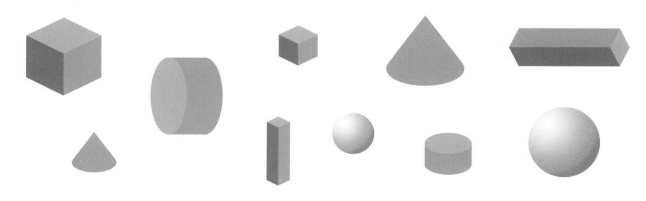

举例

可以按照平面或曲面来分类。

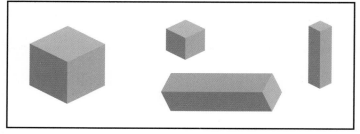
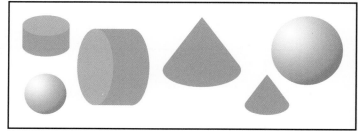

还可以按照形状来分类。

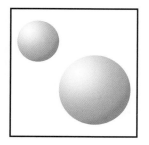
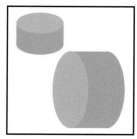
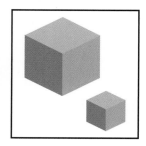

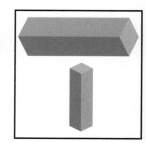

连一连。

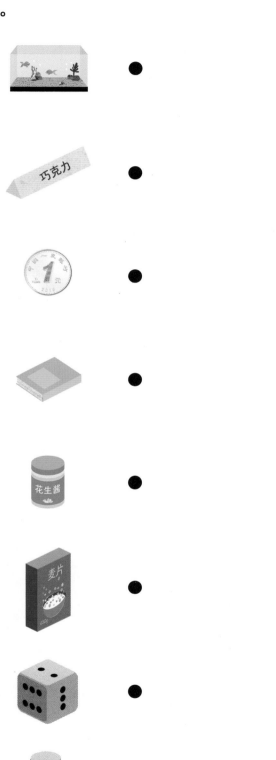

长方体

三棱柱

正方体

圆柱体

立体图形的组合

准 备

用这些立体图形能组成什么样的结构？

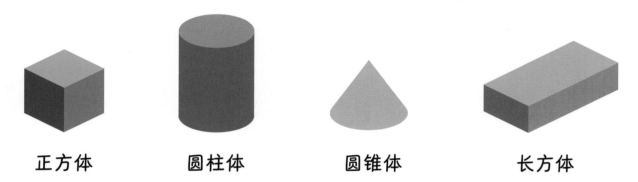

正方体　　　　圆柱体　　　　圆锥体　　　　长方体

举 例

我拼成了这个结构。

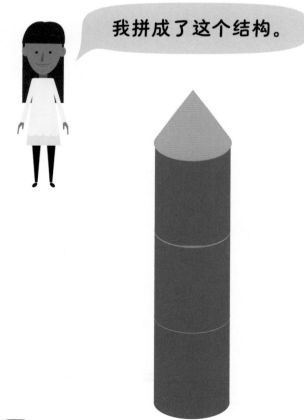

我拼成了这个结构。

1 找一找，你家里有哪些立体图形？

2 用你找到的立体图形组成不同的结构，用布盖住其中一个结构，向爸爸妈妈描述一下，让他们试着将其还原出来。

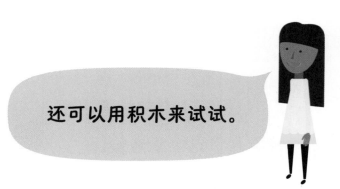

还可以用积木来试试。

立体图形的平面展开图

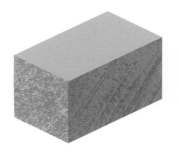

艾略特展开了一个盒子，并把它放进了回收站。

这个盒子展开后是什么形状？

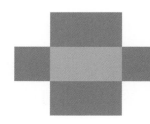

 是一个正方体。

艾略特展开了这个正方体。

 是一个正方体。

艾略特展开了这个正方体。

 是一个三棱柱。

艾略特展开了这个三棱柱。

36

1 连一连。

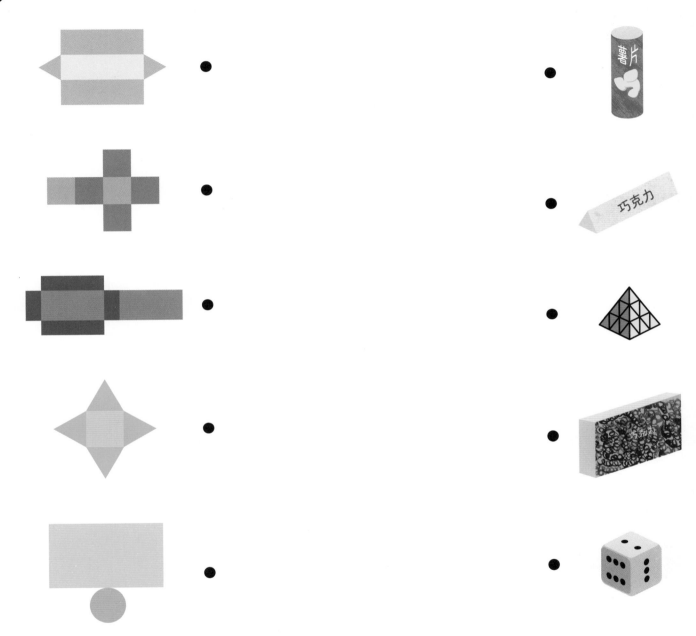

2 在家找一找盒子或纸箱，想一想它们的展开图是什么样子的，然后试着把这些盒子展开看看。

图形排列规律（二）

准 备

看一看，缺失的是什么图形？

举 例

这个排列组合是  。

缺失的图形是 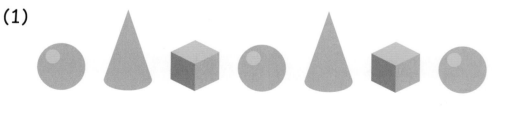 。

练 习

1 圈出下一个图形。

(1)

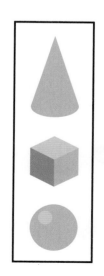

(2)

2 圈出缺失的图形。

(1)

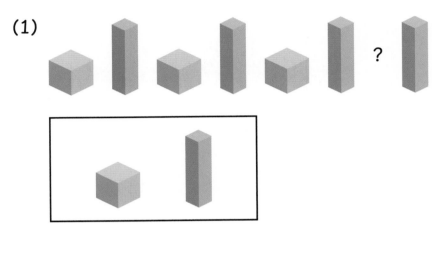

?

(2)

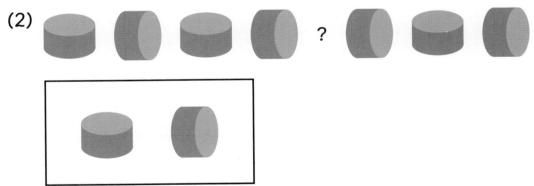

?

(3)

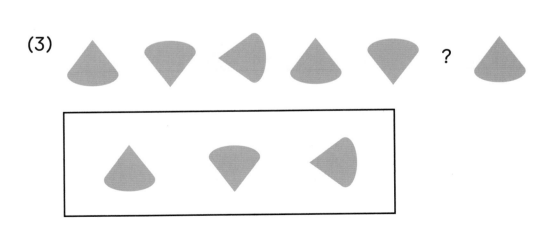

?

回顾与挑战

1 看一看，填一填。

多边形	多边形名称	边数	顶点数

2 给以下图形分类。

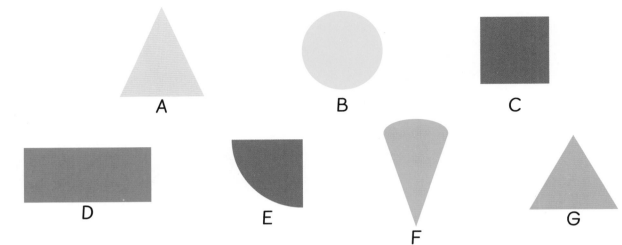

一条对称轴	不止一条对称轴

3 圈出有一条对称轴的图形。

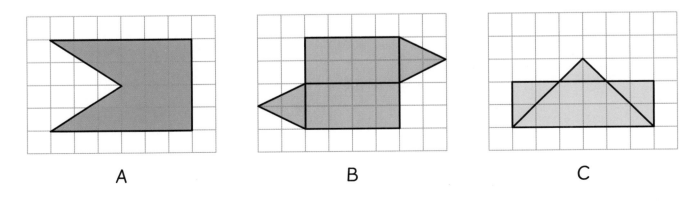

A   B   C

4 照样子，在方格纸上画出相同的图形。

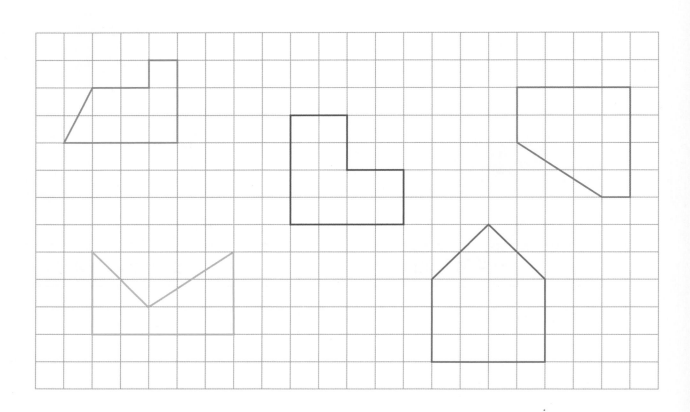

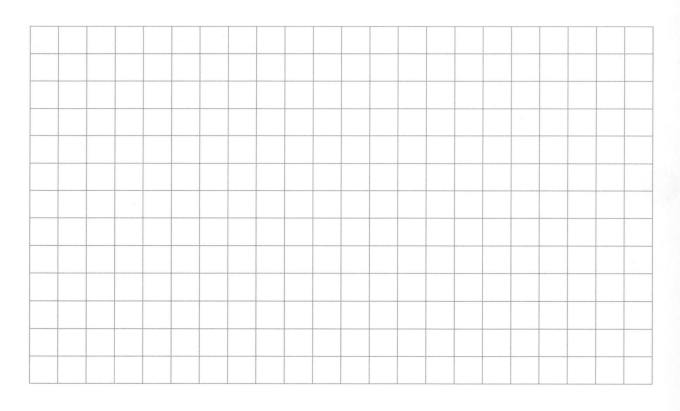

5 圈出缺失的图形。

(1)

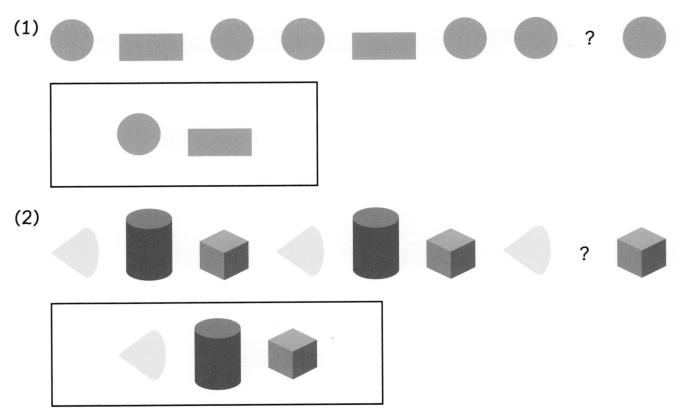

(2)

6 第1个图形是什么？在方框中画出来。

(1)

第1个

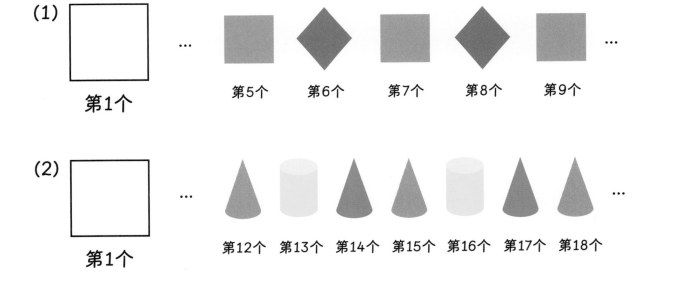

第5个　第6个　第7个　第8个　第9个

(2)

第1个

第12个 第13个 第14个 第15个 第16个 第17个 第18个

7 圈出与其他图形不同类的图形。

(1)

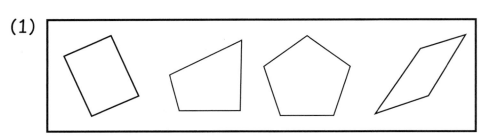

(2)

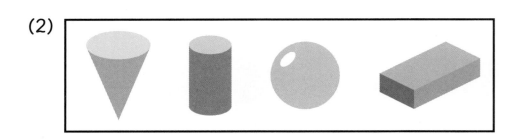

8 根据以下立体图形的展开图写出它们的名称。

(1)

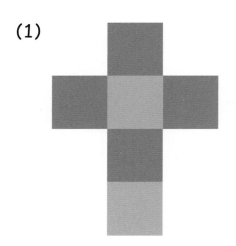

[   ]

(2)

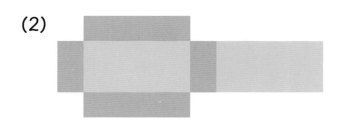

[   ]

(3)

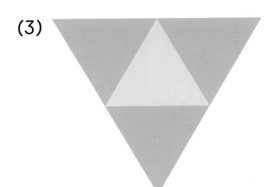

(4)

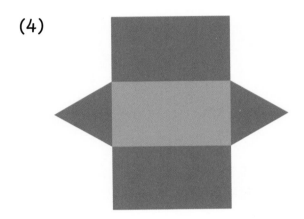

参考答案

第 5 页 　**1** (1) 4条边 (2) 4条边 (3) 3条边 (4) 3条边

2

第 7 页 　**1** 三角形 3, 3 **2** 长方形 4, 4 **3** 七边形 7, 7 **4** 六边形 6, 6 **5** 五边形 5, 5
　　　　　6 八边形 8, 8 **7** 正方形 4, 4 **8** 三角形 3, 3

第 9 页 　**1** √ **2** √ **3** √ **4** × **5** × **6** × **7** √ **8** √

第 11 页 　**1** 答案不唯一。**2** 答案不唯一。

3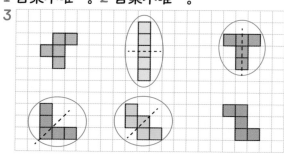

第 13 页 　**1** 3个顶点: C, E; 4个顶点: D, F, G, H; 5个顶点: A, B
　　　　　2 无对称轴: D, E; 一条对称轴: A, B, C, F; 不止一条对称轴: G, H

第 15 页 　**1** 按照原图画出即可。 **2** 答案不唯一。

第 17 页 　**1** 答案不唯一。 **2** (1) ● (2) ▼ (3) ■

第 19 页 　**1** (1) ■ (2) ● **2** (1) ◗ (2) ■

　　　　　3 答案不唯一。

第 21 页 　**1** 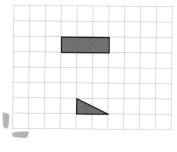　**2**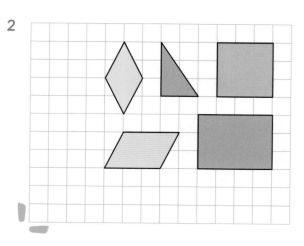

第 23 页　1 (1) 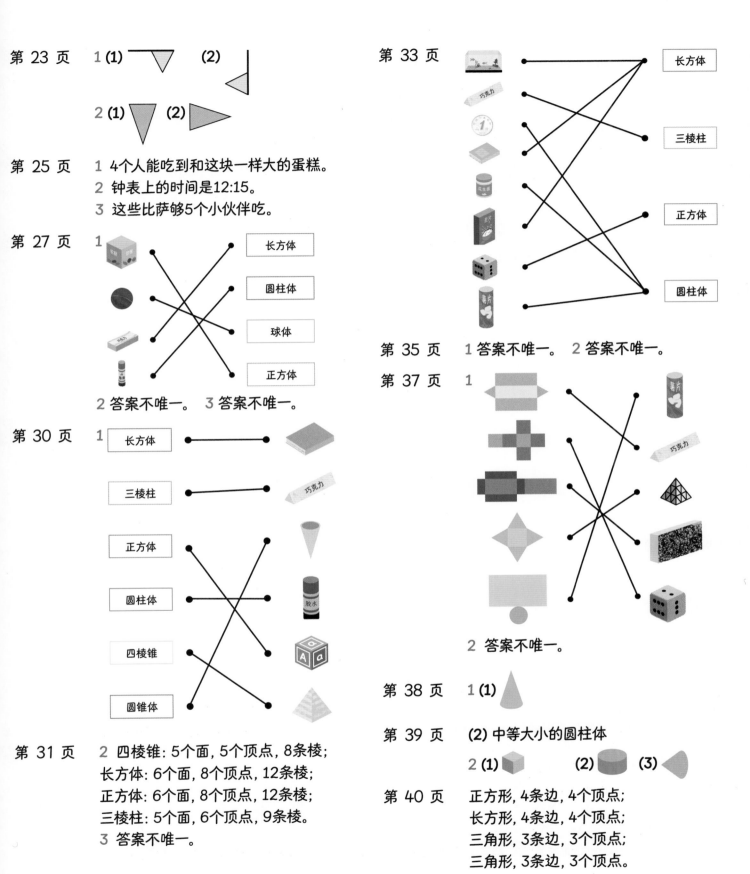 (2)

2 (1) (2)

第 25 页　1 4个人能吃到和这块一样大的蛋糕。
2 钟表上的时间是12:15。
3 这些比萨够5个小伙伴吃。

第 27 页　1
长方体
圆柱体
球体
正方体

2 答案不唯一。　3 答案不唯一。

第 30 页　1
长方体
三棱柱
正方体
圆柱体
四棱锥
圆锥体

第 31 页　2 四棱锥: 5个面, 5个顶点, 8条棱;
长方体: 6个面, 8个顶点, 12条棱;
正方体: 6个面, 8个顶点, 12条棱;
三棱柱: 5个面, 6个顶点, 9条棱。
3 答案不唯一。

第 33 页
长方体
三棱柱
正方体
圆柱体

第 35 页　1 答案不唯一。　2 答案不唯一。

第 37 页　1

2 答案不唯一。

第 38 页　1 (1)

第 39 页　(2) 中等大小的圆柱体

2 (1) (2) (3)

第 40 页　正方形, 4条边, 4个顶点;
长方形, 4条边, 4个顶点;
三角形, 3条边, 3个顶点;
三角形, 3条边, 3个顶点。

第 41 页   2 一条对称轴: A, E, F; 不止一条对称轴: B, C, D, G

3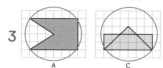

第 42 页   4 按照原图画出即可。

第 43 页   5 (1) ▬ (2) ⬛ 6 (3) ▪ (4) ⬜

第 44 页   7 (1) ⬠ (2) ▱ 8 (1) 正方体 (2) 长方体

第 45 页   (3) 三棱锥 (4) 三棱柱